我的小问题·科学

颜色

[法]塞德里克·富尔/著
[法]沽西卡·达斯/绘
唐 波/译

北京时代华文书局

颜色从何而来?

我们生活的世界充满了丰富的色彩。蓝色、红色、绿色、黄色……这些种类繁多的颜色可能有着不同的来源。

为了观察颜色，我们需要一些物体，还需要光线和我们的眼睛。照亮物体的光线可以是灯光或者太阳光。这种光（白光）是所有颜色混合而成的。

被照亮的物体可以**反射**一部分或者全部照亮它的光。柠檬之所以是黄色的，是因为它将照亮它的光中的黄色光都反射了回来。西红柿是红色的，鸭舌帽是蓝色的，蝴蝶是色彩斑斓的，也是同样的道理。

某些物体被加热到一定温度时，会**发出**明亮的光。这就是**白炽现象**。

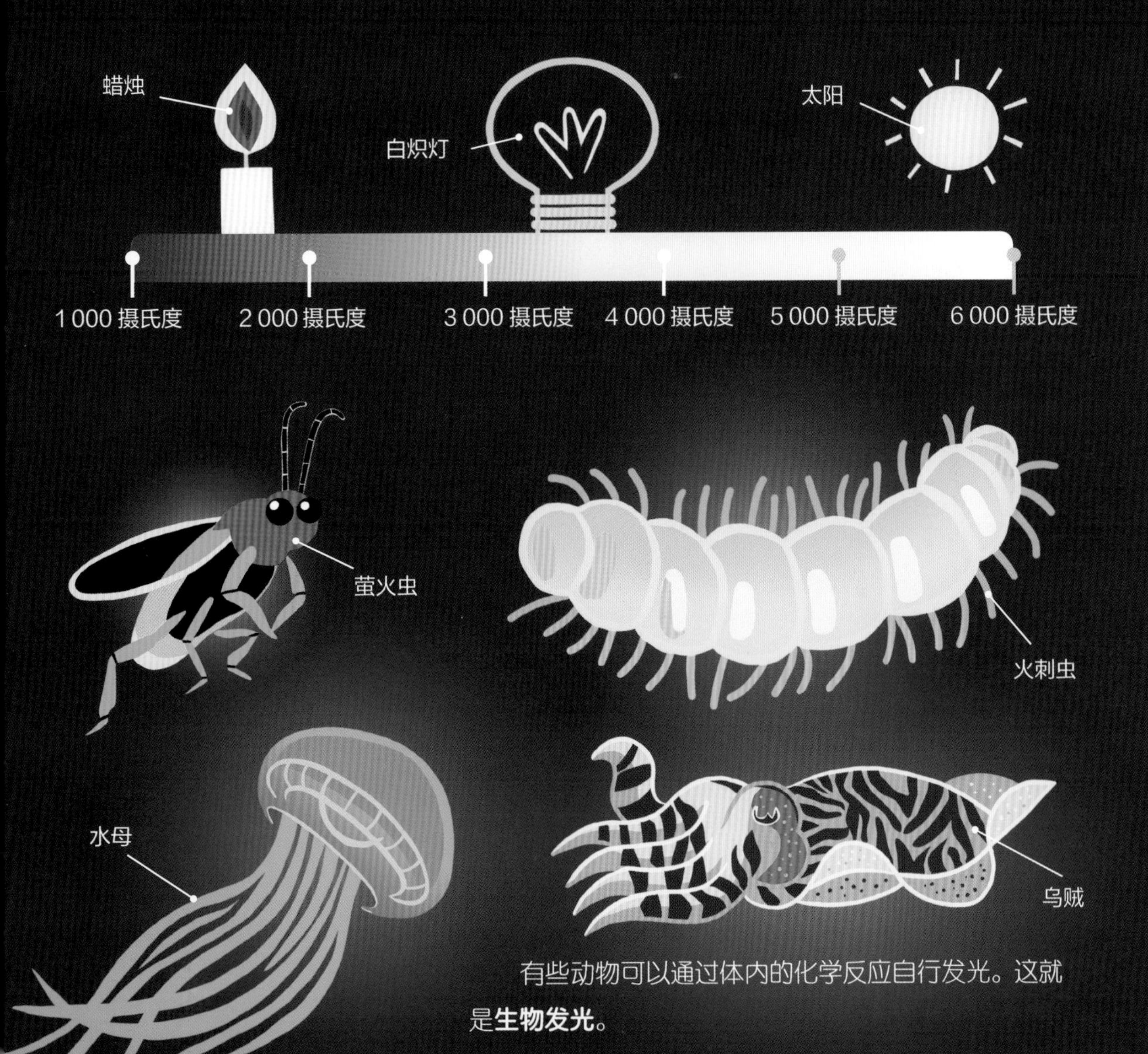

有些动物可以通过体内的化学反应自行发光。这就是**生物发光**。

颜色是如何**混合**的？

将黄色和蓝色混合在一起，我们就得到了绿色！紫色是蓝色和红色混合在一起的结果。用这种混合的方式，我们可以得到许多颜色。

这儿有一张纸，我们在上面用画笔点上彩虹的七种颜色：红、橙、黄、绿、蓝、靛（diàn）、紫。

当我们用白光照亮这张纸时，每一种颜料的斑点都能向我们反射出一种颜色。比如，红色颜料**吸收**了一部分白光并**反射**出红色的光。

如果我们将所有颜料都混合在一起，便得到了黑色。它包含彩虹的所有颜色。照射过来的所有光都被吸收了。这种混合色不会反射任何颜色的光：它是全黑的。

科学家艾萨克·牛顿证明了白光是由不同颜色的光组成的。

小实验

制作一个彩色陀螺

还有另一种将颜色混合在一起的方法。

1. 从白纸板上剪下一个圆形。

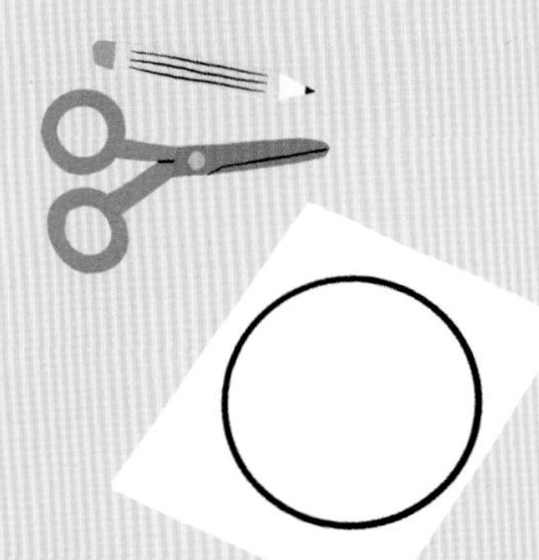

2. 在圆形纸板上画出七个相等的部分，并分别涂上红色、橙色、黄色、绿色、蓝色、靛色和紫色。

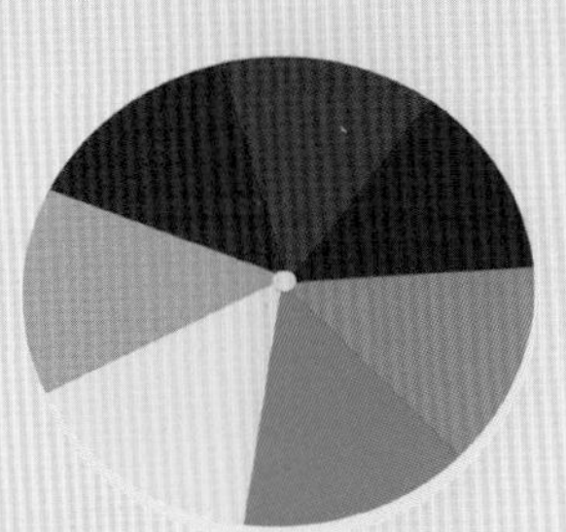

3. 将一根牙签插在圆形纸板的中间，一个陀螺就做好了。

4. 当陀螺快速转动时，所有的颜色会混合在一起，圆形纸板就变成了白色。

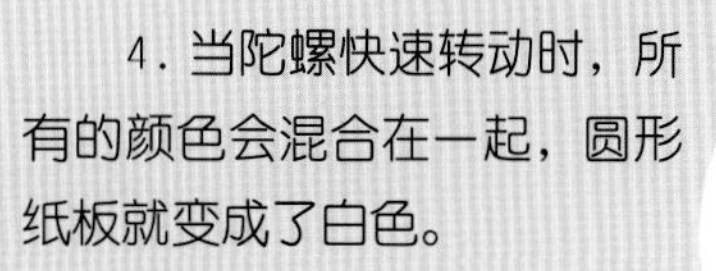

圆形纸板上每个被涂上颜料的部分都反射出一种颜色的光。但因为陀螺转动得非常快，反射出的所有颜色的光都混合在一起。这些混合在一起的有颜色的光便重新组成了白光。

我们可以将颜色分离开来吗？

太阳和电灯都发出白色的光。这种光是由多种颜色的光混合在一起形成的。

要想看到白光里包含的所有颜色，只需将 CD 光滑发亮的那一面照亮或者吹一些肥皂泡泡就可以。这样，我们就能看到可见光的彩色反光：这就是**虹彩现象**。

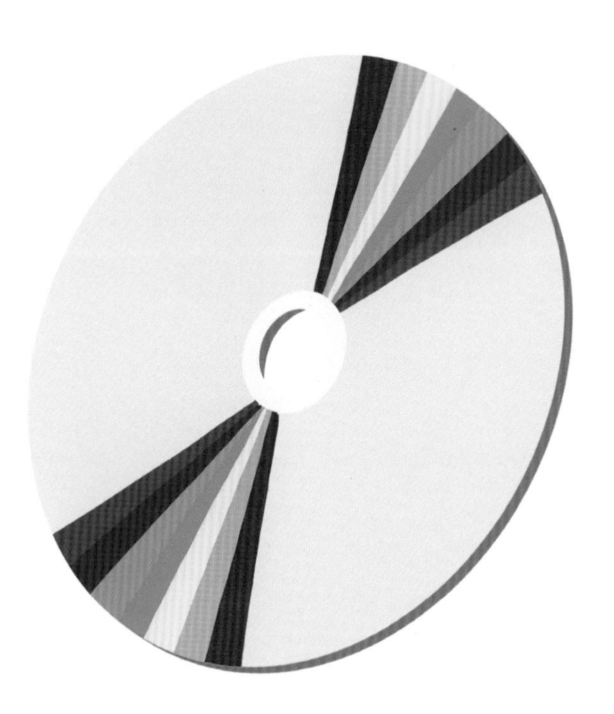

这些颜色与彩虹的颜色是一样的：紫色、靛色、蓝色、绿色、黄色、橙色和红色。

小实验

将颜色分离

找来不同颜色的水彩笔。我们可以通过**色谱法**来判断这些彩笔的颜色是单一色还是混合色。

1. 将咖啡滤纸剪成一些纸带。然后在距纸带底部 2 厘米的地方用水彩笔画一条彩色线，并在纸带上方画一个圆点。

2. 将纸带底部浸入装有 1 厘米高的水的玻璃杯中。注意，彩色线必须在水面之上。

3. 水通过**毛细作用**沿着纸带上升。在这个过程中，水会使水彩笔的墨水晕开。几分钟后，便形成了一道有颜色的条纹：这就是水彩笔中的墨水所包含的颜色。

4. 用其他颜色的水彩笔重复这样的实验。

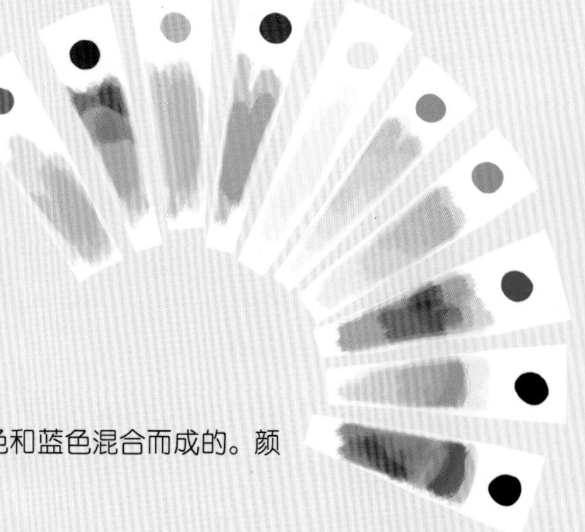

有些墨水是不同颜料的混合物：绿色是黄色和蓝色混合而成的。颜色越深，所包含的颜料就越多。

什么是原色？

原色是其他所有颜色的基础。它们不是通过其他颜色的混合而得到的。

当颜色来源于**物质**材料时，三种**原色**分别是：**青色**、**黄色**和**品红色**。

将两种原色混合，会产生一种**二次色**，例如：品红色 + 青色 = 蓝紫色。

二次色分别是：蓝紫色、红色和绿色。

如果两种颜色混合后形成了黑色，那么其中一种颜色便是另一种颜色的**互补色**。一种原色的互补色是一种二次色。绿色是品红色的互补色。

黄色
红色
品红色
绿色
蓝紫色
青色

打印机就是使用了三原色系统（青色、品红色和黄色）。

电脑或电视屏幕使用的原色有所不同，它们分别是蓝色、红色和绿色。

红色

绿色

蓝色

小实验

用放大镜观察屏幕

为了理解电视机屏幕是如何呈现出色彩的，我们可以让一幅彩色画面处于暂停状态，然后使用放大镜来观察。

屏幕由很多个**像素**组成，像素是图像的最小单位。

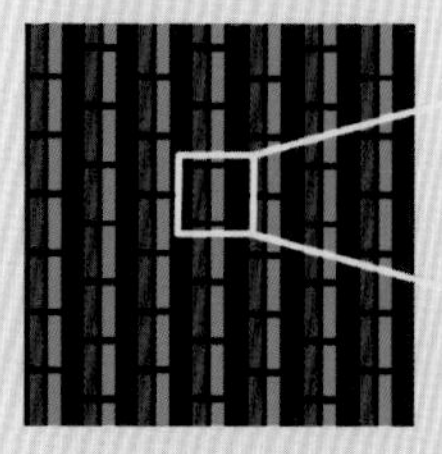

每个像素都可以呈现三种原色（红色、绿色和蓝色），把它们混合在一起，就会形成其他颜色。

史前人类是如何装饰他们的洞穴的？

颜料是由有色**物质**以及能将其固定在载体上的**黏合剂**组成的。因此，它能保持很长时间。多亏了颜料的这种特性，我们至今仍能在一些洞穴里看到史前绘画。

史前时期，绘画是用黑色、黄色、红色和棕色的天然**颜料**来完成的。黑色颜料来自木炭或骨炭，其他颜色的颜料则来自**赭（zhě）石**——一种由黏土和铁组成的岩石。

绘画之前，史前人类必须准备好所需的颜料。他们将含有**色素**的岩石块放在平坦的石头上，用卵石将它们捣碎，从而得到颜料粉末。

小实验

像智人那样作画

将木炭或干黏土制成粉末，再加入一点儿油或者水作为黏合剂。然后，就可以用手掌或手指在不同形状的石头上画画了。

史前人类是如何使颜料固着的？

他们在颜料粉末中加入了一种黏合剂，将颜料制成糊状，然后，就可以用其在洞穴的石壁上作画了。他们使用水、唾液或者动物油脂来作黏合剂。

为什么海洋是蓝色的？

我们喝的水或者用来洗澡的水都是透明的，大海中的水也如此！然而，海洋看起来却是蓝色的……

海洋表面能**反射**天空的颜色，它就像一面镜子。如果天空是蓝色的，那么海洋也是蓝色的。如果天空阴沉多云，那么海洋就呈现出灰暗的**色彩**。

海洋深处的水也呈现出蓝色，这是为什么呢？一束太阳光射入海中时，会在穿透水体的过程中分解。海水主要吸收了太阳光中的红光和黄光，而蓝光则被散射到四面八方。

海洋的深度对其呈现出来的颜色也有影响。海水越浅，其呈现出的蓝色就越淡，有时海水甚至是绿色的。海水越深，所呈现出的蓝色也越深。

海洋还能呈现出其他颜色。这些颜色或与海床（比如海床有珊瑚、沙子等）有关，或与海水中的物质（比如藻类、污染物等）有关。

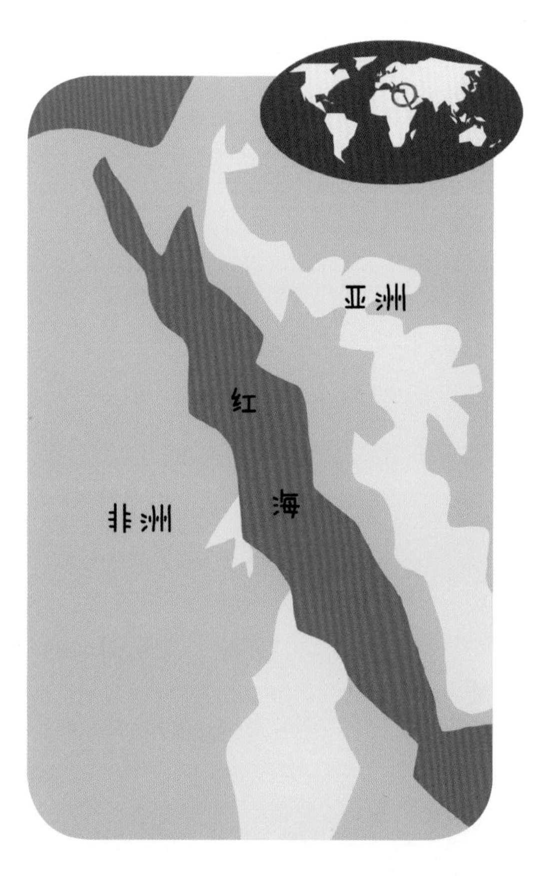

红海里生长着一种红色的海藻，这种海藻使得红海的一些海岸呈红色，红海由此得名。

菘蓝色和绿松石色的区别是什么？

蓝色一词会让人联想到天空和海洋，它也可以用来描述浅蓝色或深蓝色的物品。

蓝色一词表示所有深浅浓淡的蓝色。这就是蓝色的**色调**，它们代表了蓝色的明暗程度。

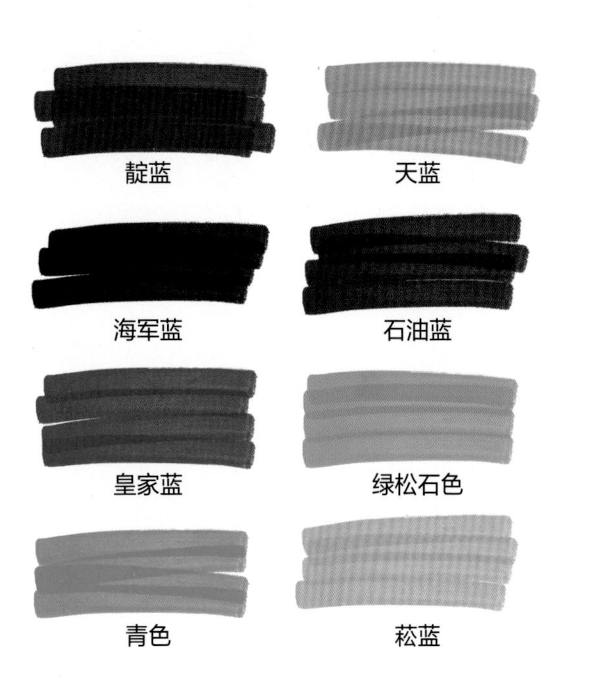

菘（sōng）蓝色来自一种开黄花的植物：菘蓝。人们将菘蓝的叶子碾碎后制成粉末，用来将织物**染**成蓝色，或制作绘画用的**颜料**。

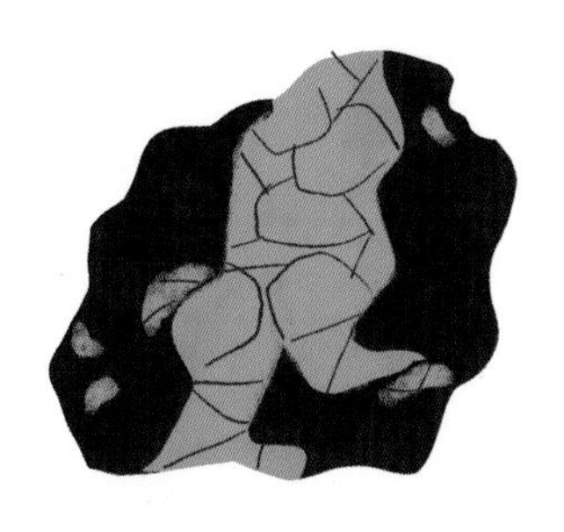

绿松石是一种颜色介于蓝色和绿色之间的石头。人们用它来制作首饰或装饰物。绿松石色的名称就来自这种石头，它也是蓝色的一种色调。

小实验

制作一个天空蓝度测定仪

很久以前，科学家奥拉斯·贝内迪克特·德索绪尔发明了一种仪器，它能让人们观察和测量天空颜色的变化，这就是**天空蓝度测定仪**。

1. 要制作一个天空蓝度测定仪，我们需要先在一块硬纸板上切割出一些方形小孔。

2. 用稀释程度不同的颜料，在每个方形小孔上边涂上不同色调的蓝色，按照由浅至深的顺序排列。

3. 然后，我们就可以观察和比较一天当中不同时刻或者不同地方的天空的颜色了。

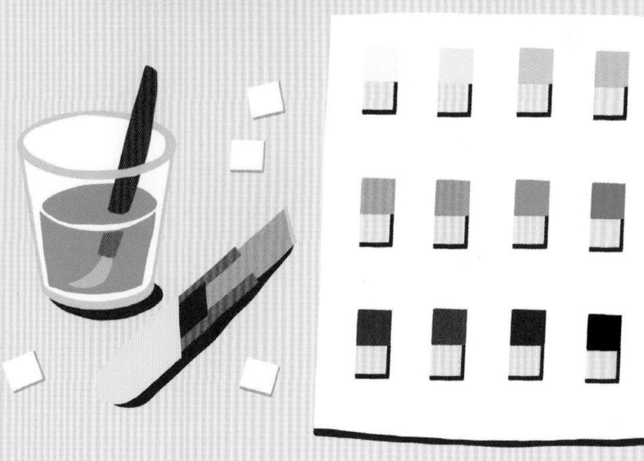

彩虹的颜色是如何形成的

雨过天晴，当阳光照耀时，空中便出现了彩虹。在瀑布的上方，或是将水喷洒到空中时，我们也能看到彩虹。

当太阳光穿过空中的水滴时，会发生**折射**，光线中不同颜色的光会分散开。这些分散的光线再被水滴反射出来，一道彩虹就形成了。

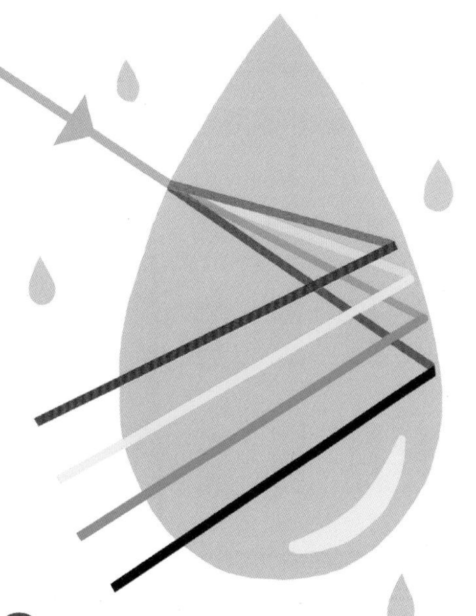

彩虹所呈现出的颜色总是保持相同的顺序：红、橙、黄、绿、蓝、靛、紫。其实，每颗水滴都反射了所有颜色的光，但站在地面上观察时，我们的眼睛只能看到一种颜色。红色来自最高处的水滴，紫色则来自最低处的水滴。

观察到彩虹时，我们总是处于太阳和彩虹之间。当我们移动时，彩虹也会随之移动。

小实验

制造一道彩虹

准备一面镜子、一盆水、一个手电筒和一张白纸。

1. 将半面镜子浸到水盆中。镜子必须倾斜放置。

2. 用手电筒照射浸入水中的那部分镜子。

4. 一道彩虹便出现在白纸上。

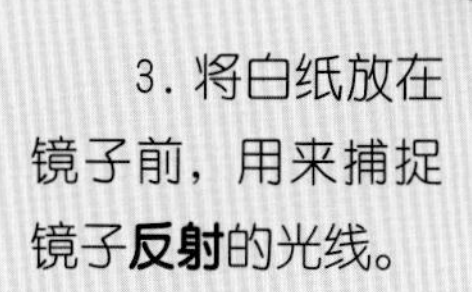

3. 将白纸放在镜子前，用来捕捉镜子**反射**的光线。

为什么血液是红色的？

血液主要由一种透明的液体——血浆组成，许多我们身体所需的物质在血浆中流动，其中就有红细胞，就是红细胞使血液呈现出红色的。

血液的成分分布

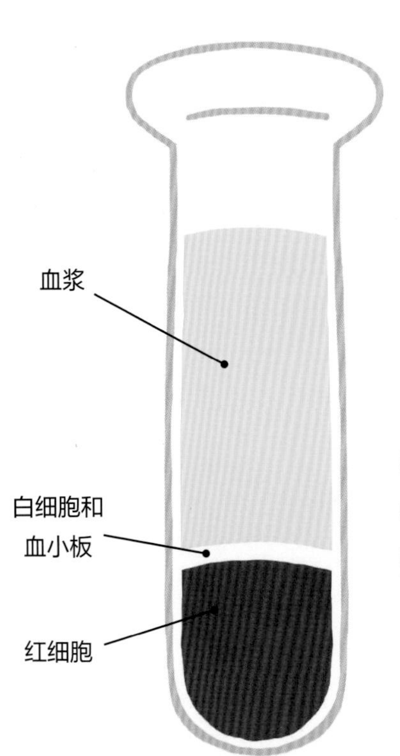

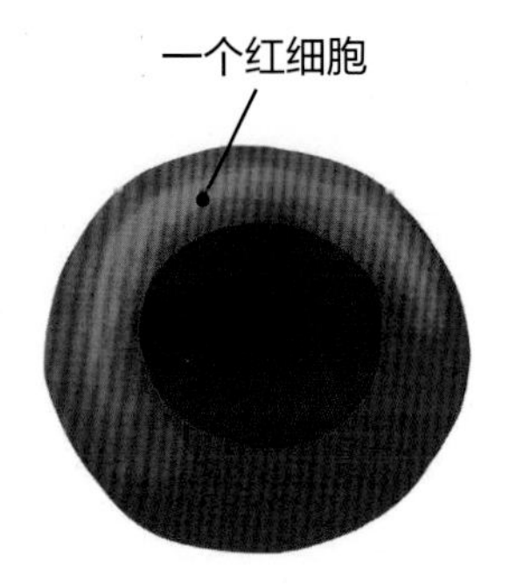

为了维持生存，人体需要氧。**红细胞**能够吸收进入肺部的空气中的氧，然后通过血管将氧运送到全身。

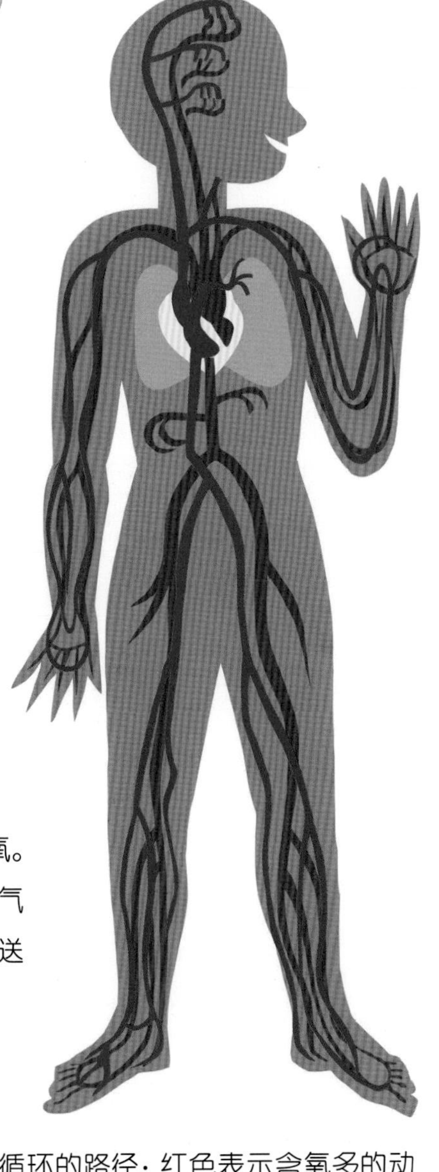

血液循环的路径：红色表示含氧多的动脉血，蓝色表示含氧少的静脉血。

红细胞由**血红蛋白**组成。血红蛋白能与氧结合，正是它使红细胞呈现出红色。

每天，骨骼中的骨髓都要产生 2 000 亿个红细胞，这些红细胞会和白细胞及血小板一起进入血管。

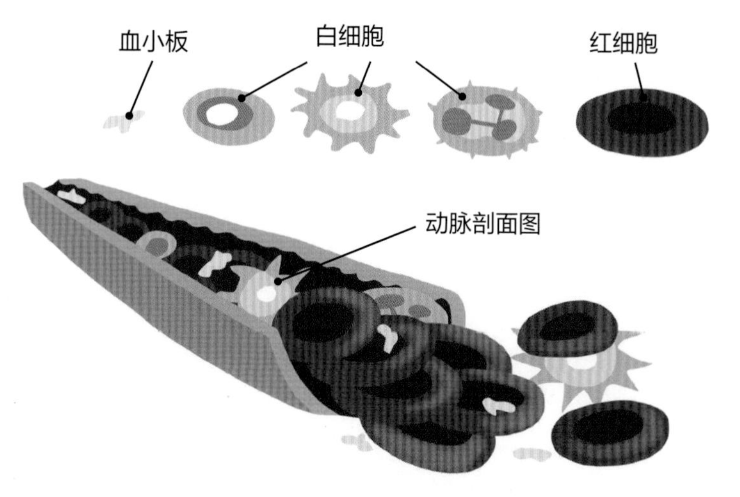

鲎（hòu）是一种已经在地球上存活了很久的海洋动物。鲎的血液是蓝色的，不含血红蛋白。它所需要的氧气是通过**血蓝蛋白**携带的，而正是血蓝蛋白使得它的血液呈蓝色。

为什么苏菲的眼睛是绿色的？

在同一个家庭里，并不是所有人的眼睛都有同样的颜色。眼睛可以呈现出黑色、蓝色、绿色、棕色等不同色调。而这一切都取决于虹膜！

眼睛是负责视觉的器官，它由不同部分组成。

虹膜

瞳孔

晶状体

角膜

视网膜

苏菲有一双绿色的眼睛。事实上，这是因为她的**虹膜**是绿色的。虹膜的颜色取决于虹膜里**黑色素**的含量。黑色素是一种深色的**色素**。

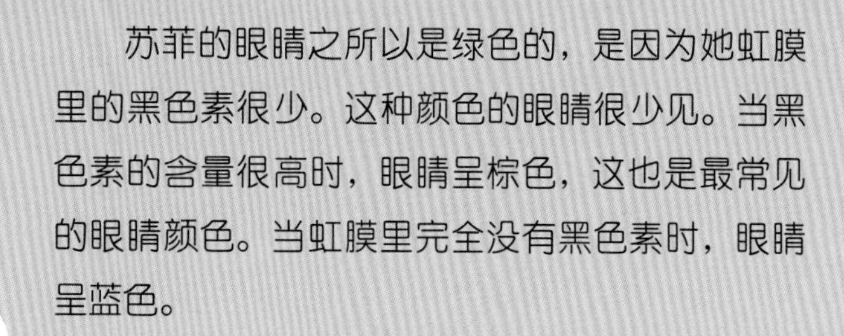

苏菲的眼睛之所以是绿色的，是因为她虹膜里的黑色素很少。这种颜色的眼睛很少见。当黑色素的含量很高时，眼睛呈棕色，这也是最常见的眼睛颜色。当虹膜里完全没有黑色素时，眼睛呈蓝色。

有时候，同一个人两只眼睛的虹膜颜色也不一样。有可能一只眼睛是蓝色的，另一只则是棕色的，这种情况说明这个人患有虹膜异色症。

婴儿的眼睛是什么颜色的？

亚洲、非洲和拉丁美洲的婴儿一般生来就有一双黑色的眼睛，而高加索地区的婴儿的眼睛通常是蓝色的。这时候，黑色素尚未产生，因此，我们可以看到虹膜的底色，那是天然的蓝灰色。要等六个月之后，才能知道这些孩子的眼睛究竟是什么颜色。

为什么所有的猫在晚上都是灰色的？

在我们的眼睛里，有两种可以捕捉光线的细胞：能感受光线强弱的视杆细胞和能辨识色彩的视锥细胞。

视锥细胞和**视杆细胞**都位于眼睛底部的视网膜内。视锥细胞有三种，它们能检测到三种不同的颜色：红色、绿色和蓝色。

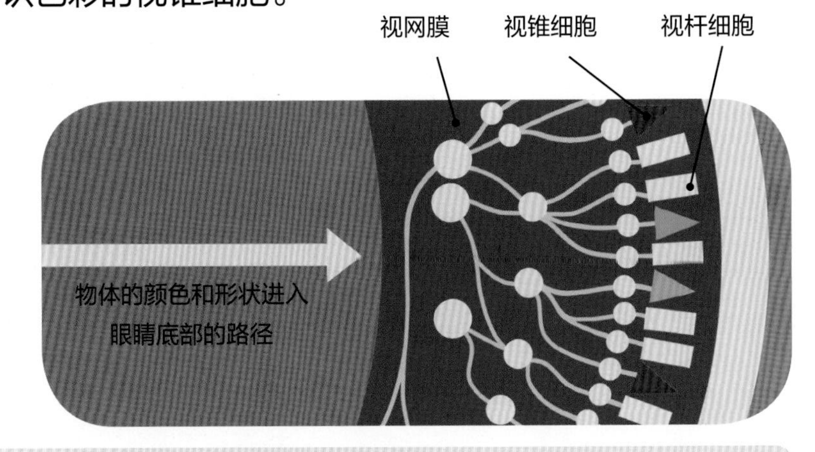

小实验

欺骗眼睛和大脑！

我们可以制作几副眼镜，并透过不同的颜色来观察周围的物体。

用薄纸板剪出眼镜的形状，然后在镜片部位贴上透明的彩色纸。

用绿色的滤镜看时，白色物体看起来是绿色的，绿色物体看起来依旧是绿色，而蓝色物体看起来则成了黑色。

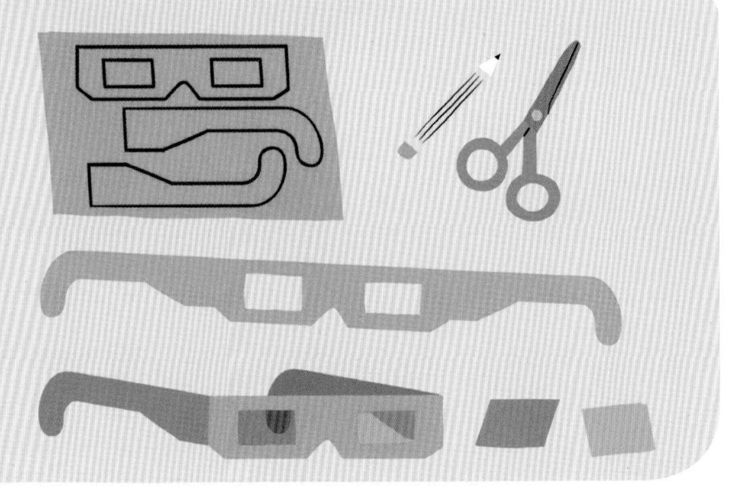

当光线充足时，视锥细胞会捕捉我们周围的各种颜色。这些信息会被传送到大脑，大脑会对其进行分析并将其转化为图像。

天黑后，光线很暗。视锥细胞就不起作用了。而视杆细胞对颜色不敏感，所以我们看到的东西都是灰色的，包括猫在内！

如果一个人眼睛中的某种视锥细胞不起作用了，那么他会看不到某些颜色。这就是发生在**色盲患者**身上的情况。

动物看到的世界和我们看到的一样吗？

多亏了那些观察动物的眼睛并将其与人类的眼睛进行比较的研究人员，我们才知道动物是如何看东西的。

狗看得到颜色，但是它不能辨别红色。它会将红色物体看成绿色或蓝色。但是，狗在黑暗中的视力要比我们人类好得多。

马是**二色性色盲**。它能辨别出蓝色和黄色，却无法辨别出红色和绿色，这两种颜色在它眼里都是灰色。马儿以灰色和黄色的**渐弱**来识别植物。

山雀能比我们辨别出更多的颜色。即使是同一种颜色，它也能辨认出多种**色调**。举个例子，当我们观察小草时，看到的是绿色，但是山雀能看出几种深浅不一的绿色。

黑猩猩和大猩猩同我们人类共享着这个色彩缤纷的世界。

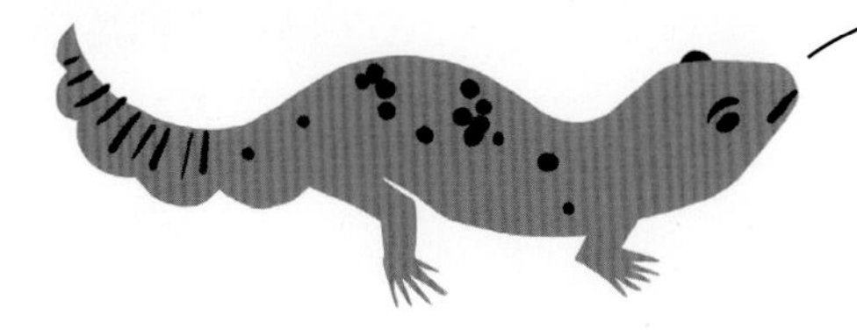

壁虎是一种小型爬行动物。它的眼睛对颜色非常敏感，即使在黑暗里也看得非常清楚。

变色龙是如何变色的？

变色龙是一种神奇的动物，它能够随意改变自己的颜色！它通过将自己的颜色变得和周围**环境**一样来伪装自己。

变色龙还可以根据自己的心情来改变颜色。休息中的变色龙是翠绿色的，当它感觉受到威胁或者生气时，就会变成鲜艳或暗沉的颜色，比如红色或黑色……

变色龙的皮肤中含有**色素细胞**，这是一些能让它改变颜色的**细胞**。

颜色还能让动物之间进行交流，尤其是当雄性尝试着吸引雌性注意的时候。孔雀展开色彩缤纷的屏就是一个很好的例子。

和变色龙一样，许多动物会通过模仿周围环境的颜色来隐藏自己，逃避捕食者。这种颜色就是**保护色**。

其他动物也会变色么？

有些动物会根据季节的变化而改变颜色。比利牛斯山脉生活着一种雷鸟，它一年要换三次羽毛：冬天为白色，夏天为褐色，秋天则为浅灰色。

为什么草是绿色的？

树木的叶子、开花植物的茎和叶、草……很多植物都是绿色的。

叶绿素是使植物呈现绿色的**色素**。植物能自己产生叶绿素，为此，它需要阳光。

植物中还含有另一种色素——**胡萝卜素**，这种色素是黄色的。叶绿素和胡萝卜素两种色素的混合，使得叶子呈现出介于黄绿色和翠绿色之间的颜色，具体颜色取决于叶绿素和胡萝卜素的含量。

七叶树的叶子

秋天，阳光和热量都减少了。叶绿素的生成先是减慢，然后完全停止。这时候，树木的叶子里只剩下胡萝卜素，叶子便呈现出橙黄色！

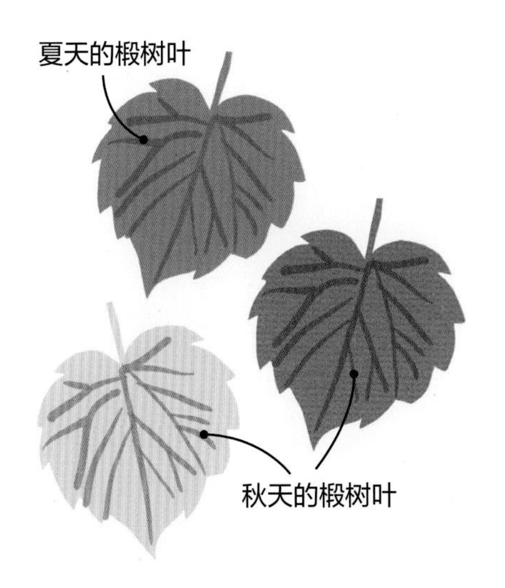

小实验

将一株绿色植物变成红色或蓝色

准备一株绿色植物（香芹或芹菜），一些墨水或食用色素。

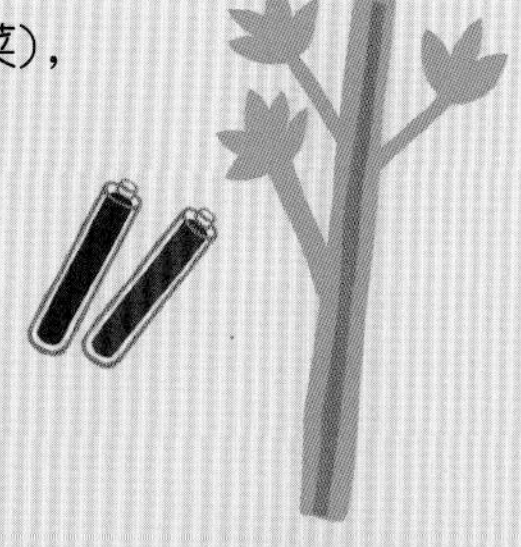

在装有水的玻璃杯中滴 10 滴红色墨水，然后将植物的茎插到杯中。两天后，由于吸收了颜料里的色素，植物的颜色发生了变化。

我们还可以给植物染上两种颜色。先将植物的茎剪成两半，然后分别插到滴有不同颜色墨水的玻璃杯中。慢慢地，两边的植物都变成了它们所浸入的墨水的颜色！

星星是什么颜色？

晴朗的夜晚，我们可以看到成千上万颗恒星在空中闪耀。它们的颜色看起来都是一样的。但是，如果仔细观察，我们会发现它们有不同的颜色：蓝色、黄色、红色……

恒星是炽热的气态球体。它们的颜色随其自身的温度而变化。温度最低的恒星是红色的，其温度约有3 000摄氏度。

温度最高的恒星呈蓝色，其温度可以达到50 000摄氏度。

很长时间以来，人们将恒星组合成了许多星座。为了分辨哪些恒星是红色的，哪些恒星是蓝色的，我们可以使用星空图或平板电脑的应用程序，从辨别已知星座开始。

小实践

观察不同颜色的恒星

夏季

天蝎座夏季出现于南方的天空，离地平线不是很高。心宿二是天蝎座的主星，呈淡红色。

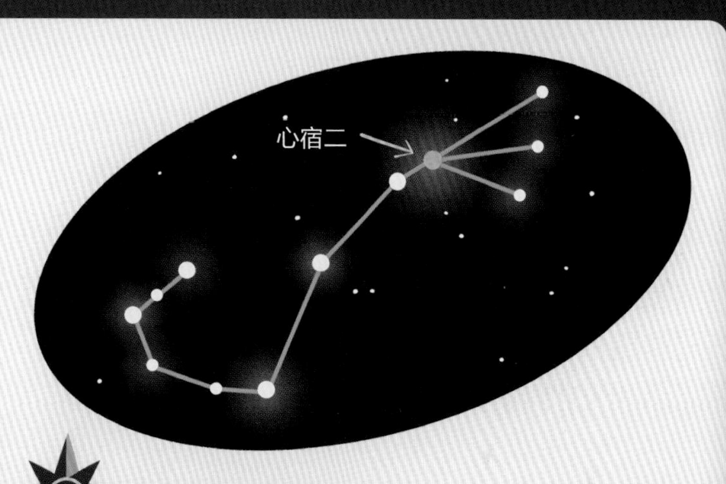

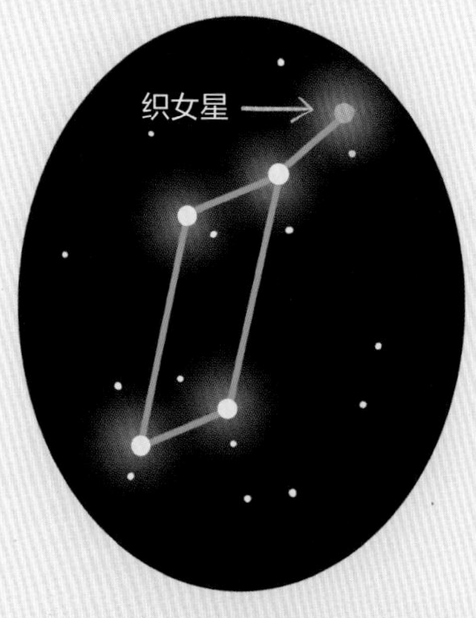

天琴座的主星织女星呈淡蓝色。夏季，它在天空中的位置非常高。

冬季

朝南看，我们就能在地平线以上看到猎户座。猎户座的两颗恒星拥有不同的颜色：参宿四是橙色的，而参宿七是蓝色的。

关于颜色的小词典

这两页内容向你解释了当人们谈论颜色时最常用到的词，便于你在家或学校听到这些词时，更好地理解它们。正文中的加粗词汇在小词典中都能找到。

白炽现象：物体被加热后自发光的现象。

保护色：某些动物身上的颜色跟周围环境的颜色类似，这种颜色叫保护色。

二次色：可以通过两种原色混合调配而得到的颜色。

二色性色盲：只能辨认出两种颜色的人。

发出：产生、制造并向外释放。

反射：光从一种介质到达另一种介质的界面时返回原介质的现象。

黑色素：生物体内产生的一种色素。

红细胞：血液中将氧气运送到全身的细胞，也被称为红血球。

虹彩现象：物体表面将光线分解并产生彩虹色的现象。

虹膜：眼睛的有色部分。

胡萝卜素：一种植物色素。

互补色：若两种颜色等量混合时产生黑色，则这两种颜色为互补色。

环境：围绕在我们周围的一切。

黄色：三原色之一。

渐弱：颜色强度逐渐降低。

毛细作用：水和某些液体沿着非常细的管子或多孔的表面上升的特性。

黏合剂：能将色素制作成颜料的物质。

品红色：三原色之一。

青色：三原色之一。

染：用颜料着色。

色彩：颜色。

色盲患者：无法识别某些颜色的人。

色谱法：能将混合物中的有色物质分离出来的技术。

色素：能使物体染上颜色的物质。

色素细胞：一种含有生物色素的细胞。

色调：同一种颜色的不同深浅浓淡。

生物发光：生物体自行发光的现象。

视杆细胞：眼睛中的细胞，能让人将深暗的事物和明亮的事物区分开来。

视锥细胞：眼睛中能让人辨别颜色的细胞。

天空蓝度测定仪：用于观察和测量天空颜色变化的仪器。

物质：构成宇宙的所有东西。

吸收：留住（光线）。

细胞：构成生物体的基本单位。

像素：屏幕上图像的基本单位。

血红蛋白：能在血液中输送氧气的物质，是它使血液呈红色。

血蓝蛋白：能在血淋巴中输送氧气的物质，存在于某些动物的血液中。

颜料：用来着色的物质。

叶绿素：使植物呈现绿色的植物色素。

原色：不能通过其他颜色混合调配而得到的颜色。

折射：光从一种介质进入另一种介质（比如从空气到水）时传播方向发生偏折的现象。

赭石：一种矿物颜料。

图书在版编目（CIP）数据

颜色 /（法）塞德里克·富尔著 ；（法）洁西卡·达斯绘 ；唐波译．— 北京 ：北京时代华文书局，2022.4
（我的小问题．科学）
ISBN 978-7-5699-4557-7

Ⅰ．①颜… Ⅱ．①塞… ②洁… ③唐… Ⅲ．①颜色－儿童读物 Ⅳ．① J063-49

中国版本图书馆 CIP 数据核字（2022）第 035611 号

Written by Cédric Faure, illustrated by Jessica Das
Les couleurs – Mes p'tites questions sciences © Éditions Milan, France, 2019

北京市版权著作权合同登记号　图字：01-2020-5898

本书中文简体字版由北京阿卡狄亚文化传播有限公司版权引进并授予北京时代华文书局有限公司在中华人民共和国出版发行。

我的小问题·科学 颜色
Wo de Xiao Wenti Kexue Yanse

著　　者 | [法] 塞德里克·富尔
绘　　者 | [法] 洁西卡·达斯
译　　者 | 唐　波

出 版 人 | 陈　涛
选题策划 | 阿卡狄亚童书馆
策划编辑 | 许日春
责任编辑 | 石乃月
责任校对 | 张彦翔
特约编辑 | 申利静
装帧设计 | 阿卡狄亚·戚少君
责任印制 | 訾　敬
营销推广 | 阿卡狄亚童书馆
出版发行 | 北京时代华文书局 http://www.bjsdsj.com.cn
北京市东城区安定门外大街 138 号皇城国际大厦 A 座 8 楼
邮编：100011 电话：010-64267955 64267677
印　　刷 | 小森印刷（北京）有限公司　010-80215076
开　　本 | 787mm×1194mm　1/24　　印　　张 | 1.5　　字　　数 | 36 千字
版　　次 | 2022 年 5 月第 1 版　　印　　次 | 2022 年 5 月第 1 次印刷
书　　号 | ISBN 978-7-5699-4557-7
定　　价 | 118.40 元（全 8 册）